DESCRIPTION

D'UNE MINIATURE HUMAINE,

OU

TABLEAU HISTORIQUE D'UNE FILLE NAINE.

DESCRIPTION

D'UNE MINIATURE HUMAINE,

OU

TABLEAU HISTORIQUE

D'UNE FILLE NAINE,

REMARQUABLE PAR LA PETITESSE DE SA STRUCTURE ET SA PERFECTION PHYSIQUE, CONSIDÉRÉE SOUS UN POINT DE VUE PHYSIOLOGIQUE ET MÉDICAL ;

Conforme au rapport fait à la Société royale académique des sciences de Paris,

PAR A.-M. DORNIER,

Docteur en médecine de la faculté de Paris, Médecin des épidémies dans le département de l'Ain, Médecin du bureau de charité du septième arrondissement de Paris, Membre de la société royale académique des sciences, de la société de médecine-pratique, du carcle médical, ancienne académie de médecine, de la société médico-pratique, etc.

PARIS,

DE L'IMPRIMERIE DE J. SMITH,

RUE MONTMORENCY, Nº 16.

SOMMAIRE.

Le sujet qui nous occupe, et qui fixe en ce moment, à Paris, l'attention de beaucoup d'observateurs, est une petite fille allemande, âgée de sept ans, d'une figure et d'une tournure agréables, dont le corps, pesé et mesuré exactement, a une conformité presque parfaite avec celui d'un nouveau-né, mais mieux proportionné. Elle est le produit d'un de ces écarts les plus heureux de la nature, d'autant plus curieux, qu'il est parfait, et qu'il ne s'est jamais présenté de nain aussi petit pour son âge, et dont l'accroissement ayant cessé depuis l'âge de deux ans, soit aussi complet. Elle parle, marche, agit librement et soulève un fardeau beaucoup plus considérable que ne le comporte sa stature.

Elle a eu l'honneur d'être présentée à plusieurs grands personnages, à diverses facultés de médecine et autres sociétés savantes.

DESCRIPTION

D'UNE MINIATURE HUMAINE,

OU

TABLEAU HISTORIQUE

D'UNE FILLE NAINE.

Cette fille s'appelle Babet Schreier; elle est née à Siégelsbach, village près Manheim, le 31 octobre 1810, de parens sains et bien conformés; ils habitent une campagne salubre, et usent habituellement d'une nourriture de bonne qualité. Son père, âgé de quarante-trois ans, d'une taille de cinq pieds cinq pouces, d'une forte constitution, n'est point sujet aux maladies; son facies se rapproche beaucoup de l'idiotisme; il est en effet doué de très-peu d'intelligence, ne s'étant occupé que d'agriculture, il n'a pu la cultiver. Sa mère, âgée de trente-trois ans, d'une taille de cinq pieds,

Préliminaire à son histoire.

jouit ordinairement d'une bonne santé; elle est d'une figure agréable et spirituelle; elle a en effet un esprit naturel, quoiqu'elle ne l'ait pas exercé; menant une vie très-active, elle se livre volontiers, après les soins du ménage, aux travaux de l'agriculture comme son mari. Avant de devenir mère de cette fille, elle avait eu cinq autres enfans, dont le premier qu'elle eut à l'âge de dix-sept ans, avait déjà offert cette particularité d'un développement imparfait : c'était un garçon; il avait six pouces de longueur, et il était du poids d'une livre et demie. La mère s'était bien portée durant sa grossesse ; elle avait senti le mouvement du fœtus à quatre mois, et était accouchée au terme de neuf mois. Tout s'était passé comme dans ses autres grossesses où les enfans ont été d'un volume naturel, et dont plusieurs, qui vivent encore, sont grands et vigoureux, excepté que le ventre ne se développa que comme au quatrième mois d'une grossesse ordinaire. Elle nourrit elle-même ce petit enfant qui tétait assez bien ; mais, quelques soins qu'elle en prît, il ne put vivre qu'un mois. C'est après ces cinq couches que cette femme devint enceinte de la petite fille qui fait le sujet de nos recherches. La suppression

des menstrues, l'engorgement des seins et un
léger dégoût lui firent d'abord soupçonner son
état de grossesse ; sa santé n'en fut pas autrement altérée ; et, au quatrième mois, elle commença à sentir les mouvemens du fœtus, qui
devinrent de plus en plus vifs, à mesure que
la grossesse avançait, et qui, joints au peu de
développement du ventre, lui firent présumer que cette couche serait analogue à la
première. Elle buvait et mangeait comme à son
ordinaire, et elle a pu se livrer constamment
et sans s'excéder, pendant l'été, au travail des
champs, et beaucoup plus aisément que dans
ses grossesses de volume naturel. Elle ne s'est
jamais trouvée exposée, durant cette grossesse, ainsi qu'à la première, à faire de chutes,
ni à recevoir accidentellement de coups, ni de
commotions sur l'abdomen, qui aient pu, en
apparence, contribuer à troubler la nutrition
du fœtus. Elle n'a point éprouvé de pertes
utérines ; elle n'a pas été en butte à de vives
affections morales, ni pendant sa grossesse, ni
pendant l'allaitement. Elle est accouchée, vers
la fin du neuvième mois, en quelques heures
de vives douleurs, de cette petite fille. La
sage-femme, qui avait reçu ses autres enfans,
n'a rien remarqué d'extraordinaire. Le pla-

centa était proportionné au volume de l'enfant, qui lui-même n'offrait que celui d'un fœtus de cinq à six mois de grossesse ordinaire; le cordon ombilical, quoique très-mince, n'avait offert aucune difformité dans toute son étendue, à laquelle on dut attribuer avec fondement la cause du peu de développement du fœtus.

De sa taille et de son poids lors de sa naissance. Cette fille n'avait, en naissant, que six pouces de longueur, et ne pesait alors qu'une livre et demie; elle était maigre, mince, mais les traits de la face et la forme des membres étaient bien dessinés; sa vigueur et sa force, qui excédaient les proportions de son développement, semblaient faire présager qu'elle serait plus viable que celui qui avait été d'un semblable volume.

Dès qu'elle commença à respirer, sa mère, qui était bonne nourrice, lui présenta le sein qu'elle prit aussitôt, et continua ainsi à bien téter jusqu'à l'âge de trois ans; alors, le lait de la mère s'étant perdu, l'enfant se sevra de lui-même, et commença pour la première fois à prendre de la nourriture.

Histoire de son accroissement. Il s'est fait, chez cette fille, un accroissement rapide et régulier depuis sa naissance jusqu'à l'âge de deux ans; et depuis cette époque, il a été si peu sensible, que les parens sont persuadés qu'il a totalement cessé d'une manière subite, et sans que sa santé en ait paru altérée; depuis cette époque, divers médecins consultés n'ont pu découvrir aucune lésion organique sensible. Dès-lors, les formes se sont arrondies, et les forces ont progressivement augmenté. On avait remarqué, peu de temps après sa naissance, un développement rapide des forces du système musculaire; les muscles étaient un peu saillans; les membres se contractaient avec une vivacité et un degré de force plus prononcés que chez les autres enfans d'une grosseur ordinaire. Le développement général du corps s'est toujours opéré sans déranger la régularité de sa conformation et la justesse des proportions.

Ses forces actuelles sont à peu près comme celles d'un enfant de quatre ans; par conséquent, elles sont bien plus grandes que sa conformation semble le comporter. Les muscles ne sont point gros, mais bien dessinés; la fibre en est un peu lâche, quoique douée d'une force de contractilité remarquable. Elle a, de plus, en partage une vivacité qui la met dans un mouvement perpétuel. Tous ses mouvemens sont vifs et précipités. Elle chancelle quelquefois en marchant, d'une manière à faire croire qu'elle va tomber, quoiqu'elle le

Etat des forces actuelles.

Démarche chancelante.

fasse rarement ; la légèreté de son corps et son extrême vivacité semblent l'emporter et lui faire souvent manquer l'équilibre , mais elle est d'une dextérité, d'une promptitude si grande à se retenir, qu'elle ne tombe que rarement, quoiqu'elle grimpe et franchisse des espaces avec une rapidité étonnante pour sa stature.

De l'influence de la joie sur ses forces et sa mobilité.

La joie semble ajouter un degré de plus à son extrême mobilité, et à tout son être une somme de forces qu'il est loin d'annoncer. Dans ses exercices, on l'a habituée à relever une chaise ordinaire couchée sur son dossier.

De sa façon de marcher.

Elle ne sait pas marcher lentement; et son allure peut être comparée à celle d'un danseur de corde privé de balancier, dont le corps se contracte d'une manière permanente en tous sens pour se soutenir en équilibre. Son corps, en courant, n'est presque jamais dans une situation verticale, mais bien dans une légère inclinaison. Il est facile, d'après ces considérations, de se rendre compte de la difficulté qu'elle a eue à apprendre à marcher; elle n'a commencé à le faire qu'à l'âge de deux ans, et plus difficilement que les autres enfans, non par le manque de force, mais bien par un excès de vivacité et de légèreté.

(13)

La dentition s'est opérée d'une manière tardive et lente, et elle n'a cependant causé aucune maladie. L'enfant a eu ses vingt-quatre
dents à cinq ans, quoiqu'elle n'ait commencé
qu'à l'âge de deux ans. La deuxième dentition
se fait actuellement; sept incisives et une ca-
nine sont tombées depuis quelques mois et ne
sont pas encore remplacées : celles qui existent
sont d'un bel émail; cependant le corps de
deux petites dents mollaires se trouve en
partie carié.

La peau est mince, douce et flasque au
tronc et à la base des membres, mais un peu
sèche et rugueuse à leurs extrémités. La chaleur de la peau est toujours très-modérée;
on ne l'a jamais observée en moiteur ni en
sueur; elle est presque toujours en chair de
poule; les fonctions des vaisseaux absorbans
et exhalans doivent souffrir de sa séche-
resse; c'est sans doute cet état de la peau
qui a garanti jusqu'à présent l'enfant des maladies éruptives sans insertion; mais la vac-
cine a eu son résultat ordinaire. Le tissu cel-
lulaire graisseux sous-cutané est très-peu
abondant, quoique l'enfant paraisse d'un tem-
péramment éminemment lymphatique.

Si, pour juger du degré de chaleur vitale
dont cette fille est douée, on se contentait de

palper les extrémités qui paraissent presque toujours froides, on serait tenté de croire que sa chaleur naturelle est bien au-dessous de celle de tout autre individu, ou que celle-ci se distribue inégalement : mais il en est autrement, si on l'examine plus attentivement ; car, soumise aux expériences comparatives avec des personnes de diverses statures et d'une forte constitution, sa chaleur s'est trouvée plus grande : c'est ainsi que divers thermomètres, appliqués en différentes parties du corps, indiquaient que celle-ci s'élevait constamment au trentième degré; tandis que les mêmes thermomètres, appliqués à d'autres personnes, aux mêmes lieux et au même instant, descendaient et restaient au vingt-neuvième degré chez les uns, et au vingt-huitième chez les autres. Celle de la plante des pieds a donné vingt-six degrés ; celle de la paume des mains en a offert vingt-sept.

De la régularité des formes organiques.

Ce qui étonne réellement dans ces écarts de la nature chez cet enfant, c'est la régularité que conserve le défaut de développement de tous les systèmes; et, quoique les forces vitales soient peu actives, elles sont restées dans un équilibre suffisant pour assurer les proportion des formes organiques.

De sa stature et de sa pesanteur actuelles.

Cette fille qui, en naissant, avait la taille

de six pouces , a aujourd'hui, à l'âge de sept ans moins un mois, celle de vingt-trois pouces. Elle pesait alors une livre et demie; elle est maintenant du poids de huit livres et un quart.

D'après cela, on voit qu'elle se rapproche beaucoup, par son poids et la grosseur de sa tête,de celle du thorax et des membres du volume d'un nouveau-né un peu fort.Elle n'en diffère qu'en ce que l'ensemble de son corps offre proportionnellement un peu plus delongueur, que les membres sont plus déliés, que tout se trouve d'une conformation régulière et paraît être dans de justes proportions ; car ici tout est parfait ; c'est une belleminiature humaine : sá taille est bien prise, et ses membres sont bien proportionnés.

Son corps a le volume de celui d'un nouveau-né; mais tout y est plus parfait.

Le libre exercice de toutes les fonctions animales et le bon état de l'ensemble de son organisation , et surtout sa gaîté naturelle et permanente , annoncent que cette fille jouit, dans sa manière d'être , de tous les attributs d'une parfaite santé. Elle devrait néanmoins être délicate ; mais , au rapport des parens, elle n'est jamais indisposée.

Son état habituel est celui de la santé parfaite.

Les changemens d'air et de nourriture auxquels les voyages l'exposent fréquemment et l'état sédentaire habituel ne lui ont causé

De l'influence des saisons , des voyages et de la nourriture sur sa aucun dérangement apparent. La succession des saisons n'a jamais eu sur elle aucune influence sensible ; mais on a remarqué qu'elle était plus forte, mieux à son aise, et un peu plus grasse en hiver qu'en été.

Description de la face.

L'ensemble de la face est agréable ; tout y est proportionné ; sa forme est ovale ; le front est découvert ; ses sourcils sont châtains ; les paupières assez ouvertes ; les cils sont bruns ; les yeux sont vifs et font une saillie agréable ; la cornée transparente est d'une couleur bleu-foncé ; la cornée opaque est d'un blanc éblouissant ; le nez est long, saillant, arqué au milieu ; le menton est rond ; la peau est blanche et unie ; le teint est un peu pâle ; son aspect est doux ; l'oreille est bien faite ; la chevelure est agréable ; elle est d'un blond-châtain.

Etat des yeux et des autres organes.

Les yeux paraissent, au premier abord, doués d'un excès de sensibilité ; mais ils n'ont que celle de l'état naturel ; ils sont bien conformés ; la vue est bonne, seulement elle paraît un peu basse. L'ouïe est très-fine ; elle a le goût et l'odorat délicats.

Etat de la respiration.

Le bon état de la respiration annonce que la poitrine est saine ; elle est bien évasée. Les extrémités supérieures et inférieures et le bassin sont conformés de manière à être proportionnés avec le reste du corps. La colonne vertébrale n'offre que les courbures naturelles.

Les battemens du cœur se font sentir extérieurement d'une manière régulière et analogue à tous autres individus dans l'état sain ; ils sont naturellement fréquens , et leur fréquence augmente par l'exercice. La ténuité naturelle du système vasculaire en général ne permet pas toujours d'apercevoir le pouls aux artères radiales ; celles-ci sont moins développées que chez un enfant d'une année ; et leurs battemens ne sont appréciables que lorsque les bras, réchauffés par la chaleur douce et uniforme du lit, les vaisseaux se sont dilatés; c'est alors, et pendant le sommeil, que nous avons pu compter leurs pulsations, qui s'élevaient au nombre de soixante-dix-huit à quatre-vingts par minute. On ne peut juger, pour l'ordinaire, de la fréquence du pouls, surtout dans le jour et pendant la veille, que par les battemens du cœur et des artères carotides primitives, et celles-ci offrent quatre-vingt-dix à quatre-vingt-douze pulsations.

Les viscères abdominaux n'offrent aucune apparence d'altération ou d'engorgement qui puisse faire soupçonner un état morbide quelconque : tout est dans un état sain.

Tout le corps se trouve dans un état intermédiaire d'embonpoint et de maigreur.

Cette fille prend ordinairement peu de nourriture à la fois, mais ses besoins se renouvellent très-souvent; elle use de tout ce qui se présente indifféremment; elle prend plusieurs potages et mange à peu près deux à trois onces de pain par jour; elle préfère les viandes aux légumes; elle est, comme les enfans, un peu gourmande. Si on ne la retenait, elle mangerait volontiers de ce qui lui plaît jusqu'à se faire mal; elle a eu quelquefois des indigestions pour avoir abusé du régime; elle préfère le vin blanc au rouge, et celui-ci à l'eau; elle aime la bierre et les liqueurs. Tout ce qui tient aux fonctions animales s'exécute avec régularité, selon l'ordre de la nature. Le ventre fait régulièrement ses fonctions chaque jour, comme une personne en santé; elle a très-rarement le cours de ventre.

Elle dort ordinairement pendant sept à huit heures d'un sommeil paisible. On remarque que le sommeil prolongé exerce sur elle une influence débilitante bien sensible.

Les fonctions intellectuelles de cette fille

ont été tardives et lentes; elles sont bien peu
développées pour son âge; elle n'a guère que
l'intelligence des enfans de quatre ans; elle a,
comme eux, de petits caprices; mais cet état
tient beaucoup à la mauvaise éducation qu'elle
a reçue. On ne lui a inspiré jusqu'à présent
que des manières enfantines; son humeur est
naturellement douce, caressante, gaie, vive,
enjouée; elle est susceptible d'affection et
d'attachement pour les personnes qui lui
donnent des soins; elle aime la compagnie, la
parure, les jouets et les pièces de monnaie.
Elle est curieuse, et elle a beaucoup d'aptitude à l'imitation, ce qui annonce de la per-
fectibilité; elle répète assez bien ce qu'on lui
fait dire. Il est probable que si on lui donnait
des principes d'éducation, elle apprendrait fa-
cilement; elle a assez d'intelligence et de mé-
moire pour faire présumer qu'on ne la culti-
verait pas sans succès; elle n'a jamais l'air
plus agréable que lorsqu'on affecte de fixer
son attention sur quelque chose, comme si
on lui montre à lire; si on la fixait chaque
jour quelques heures, elle perdrait facile-
ment l'habitude de loucher et de faire des
gestes qui sont l'effet de la distraction habi-
tuelle, et de l'abandon à elle-même qui la

De son carac-
tère et de ses
goûts.

De son aptitude
naturelle.

privent de ses agrémens naturels. Si le mouvement de ses yeux était bien dirigé, elle aurait un coup d'œil agréable et expressif. Elle est beaucoup plus disposée à la joie, et plus docile l'après-midi qu'avant; elle semble être flattée des visites qu'elle reçoit; elle témoigne sa satisfaction par un air plus joyeux et plus de souplesse de caractère, alors son visage s'épanouit, et ses forces semblent s'accroître avec sa gaîté; et, si elle court, on s'aperçoit qu'elle chancelle moins lorsqu'elle est ainsi émue; elle n'aime pas à être reprise avec aigreur; elle est bien plus docile lorsqu'on emploie la voie de la douceur. Etant peu habituée à fixer son attention à écouter ce qu'on lui dit, elle comprend un peu plus difficilement ce qu'on lui adresse, et son jugement peu exercé est lent et difficile. Cependant, depuis deux mois qu'elle entend parler le français, elle comprend presque autant qu'un enfant peut le faire sur ce qu'on l'entretient habituellement.

Du parler. Elle n'a commencé à parler qu'à l'âge de quatre ans; mais elle comprenait tout ce qu'on lui disait. Elle s'efforce actuellement d'exprimer ses idées, qui paraissent se succéder rapidement dans un jargon allemand auquel elle s'est habituée; elle l'accompagne de beaucoup de gestes, qui annoncent que le moral correspond parfaitement aux mou-vemens vifs et précipités du physique. Elle ne parle pas assez bien allemand pour tenir une conversation suivie; d'ailleurs, son esprit est trop peu cultivé pour le faire; elle ne dit que quelques mots en français; l'habitude de l'allemand lui cause de la difficulté à prononcer le français. Je me suis assuré, par des recherches soignées, que ce petit être jouit de la même sensibilité morale naturelle que tout autre individu. *Les mouvemens de l'ame sont en rapport avec ceux du corps.*

Sa voix est faible et grêle, mais douce et un peu sonore ; elle se développe davantage de-puis quelques mois, et surtout lorsqu'elle est émue par la gaîté; alors elle produit des sons agréables, qui ne sont faibles que parce que cet organe, naturellement peu développé, n'est pas assez exercé. *Etat de la voix.*

Lorsque l'on réfléchit sur cet enfant, remarquable par son petit volume et une sorte de perfection, on s'aperçoit que son corps n'a pu prendre son accroissement ordi-naire, et que, malgré l'espèce de régularité que l'on trouve dans ses proportions et l'ap-parence de santé, on ne peut se refuser d'ad- *Réflexions sur son état en géné-ral.*

mettre, sinon un vice de conformation, au moins une faiblesse constitutionnelle qui fait présumer l'existence d'un état morbifique. S'il nous était permis de hasarder notre opinion sur la cause de cette singulière marche de la nature, nous serions tenté de croire que ce défaut général de développement qui, sans doute, tire son origine d'un vice dans la nutrition, serait dû à l'influence d'un virus scrophuleux qui, au lieu de se fixer sur une partie peu étendue et d'y causer des ravages bornés, s'est également répandu dans toute l'habitude du corps, et y a régulièrement exercé son influence destructive, et qui, au lieu de rester caché et inactif un certain temps, et jusqu'à ce qu'une cause déterminante l'eût mis en action, n'a cessé d'agir depuis la conception jusqu'à présent d'une manière uniforme. L'état de nain aussi parfait ne serait-il pas lui-même le caractère le plus positif du rachitisme ? Le cœur, recevant le premier cette influence, n'a pu, par la faiblesse de ses contractions, pousser avec assez de force le sang jusqu'aux extrémités des vaisseaux artériels, et donner à tout leur trajet un assez gros calibre : ceux-ci ont conservé de ce défaut d'action une ténuité remarquable, et tout a dû se ressentir de la faiblesse de la circulation que l'acte de respiration n'a pas beaucoup augmenté, et rester dans un état de langueur; de là dérive le peu de volume de l'enfant en naissant, le retard dans la première dentition, la carie de plusieurs de celles-ci, l'époque tardive du marcher et du parler et leur difficulté, et actuellement la faiblesse relative du pouls, celle de la voix par le peu de développement du larynx, la laxité de la fibre musculaire, l'état voisin de la maigreur et l'engorgement de quelques ganglions lymphatiques, l'état trop peu perspirable de la peau, et enfin la cessation subite et complète de son accroissement depuis l'âge de deux ans. Rien ne paraît avoir été particulièrement favorisé; l'intelligence a suivi le cours du développement général, sans surpasser de beaucoup les autres proportions; le système musculaire est peut-être celui qui l'est davantage; le système vasculaire l'est peu; l'ossification générale paraît s'être opérée d'une manière hâtive, surtout celle de la tête. Ne serait-ce pas là une cause d'une vieillesse prématurée de cette fille, et un motif fondé pour ne pas compter sur la longue durée de sa vie?

De cet état de faiblesse générale, on infère aisément la nécessité de fortifier, par un régime analeptique, aidé de l'usage des amers et des antiscorbutiques, tels que les syrops de quinquina rouge et antiscorbutique et les élixirs amers, des vêtemens chauds et propres, des frictions sèches avec des linges imprégnés de vapeurs des plantes aromatiques en combustion, ou de liqueurs vineuses, alcooliques, contenant les mêmes principes, des bains aromatiques, heureusement secondés par un exercice journalier en plein air. On éviterait aussi de la laisser s'abandonner à l'inaction et à un sommeil trop prolongé. Il est probable que si cette fille eût été soumise à un régime plus restaurant et plus stimulant, et qu'elle eût été sevrée deux ans plus tôt, on aurait peut-être pu, en venant au secours de la nature, contribuer à la faire arriver à un accroissement plus complet. C'est encore ce qu'on pourrait tenter aujourd'hui pour prévenir les difformités que l'on a vu se développer tout-à-coup chez d'autres nains, d'abord bien conformés, mais qui sont devenus tout contrefaits par le développement subit et vicieux de quelques parties de leur corps.

On regrette que cette fille n'appartienne

pas à des parens assez aisés pour pouvoir adoucir une existence que la nature troublée dans son travail n'a pu lui donner plus avantageuse. Il serait à souhaiter qu'il fût possible de la placer dans une maison d'éducation.

Tels sont les principaux renseignemens que nous avons recueillis avec le plus grand soin sur cette petite fille. Les phénomènes qu'elle présente se sont offerts trop rarement, et nous ont paru trop intéressans pour ne pas les avoir observés avec exactitude.

OBSERVATIONS sur les dimensions de la tête et du reste du corps, comparées avec celles d'un nouveau-né, qui serviront à constater son développement futur.

LA circonférence de la tête, prise horizontalement du front à l'occiput, est de treize pouces quatre lignes; elle a les mêmes dimensions que chez le nouveau-né, d'après BAUDELOQUE. Le diamètre qui part du milieu du front à la saillie de l'occiput est de quatre pouces six lignes; chez le nouveau-né, il a quatre pouces trois à quatre lignes. Celui qui va d'une protubérance pariétale à l'autre offre trois pouces dix lignes; chez le nouveau-né, il a trois pouces quatre à six lignes. Celui qui s'étend de la houppe du menton à l'extrémité postérieure de la suture sagittale a six pouces; chez le nouveau-né, il a cinq pouces trois lignes; et s'il n'y avait pas de dents pour tenir les mâchoires écartées, ce diamètre serait en tout semblable à celui des nouveau-nés. Celui qui s'étend verticalement de la base du crâne en face du conduit auditif externe au sommet de la tête, est de trois pouces quatre lignes; chez le nouveau-né, il a la même étendue. Le crâne n'offre aucune difformité remarquable, si ce n'est que le front paraît un peu proéminent vers son milieu, parce que les bosses de cet os ne sont pas très-saillantes : les sinus frontaux sont encore très-peu développés. L'ossification de la tête, en général, paraît s'être opérée d'une manière prématurée; elle est aussi complète qu'à l'âge de dix ans : les sutures sont presque effacées, et on ne retrouve aucunes traces des fontanelles; celles-ci, d'après l'aveu des parens, ont été moins apparentes, en proportion, que chez les autres enfans. L'étendue du menton à la racine des cheveux est de quatre pouces huit lignes; celle d'une pommette à l'autre est de trois pouces six lignes. Les os, en général, sont minces et bien proportionnés, et n'offrent aucune difformité apparente.

La circonférence du thorax est de treize pouces; celle du ventre, en face de l'ombilic, est de douze pouces; celle des hanches est de seize pouces; celle du cou est de sept pouces. La séparation de l'angle supérieur et antérieur d'un os des îles à l'autre est de quatre pouces six lignes. L'étendue du tronc, depuis la symphyse du pubis à l'extrémité supérieure du sternum, est de neuf pouces six lignes; celle du milieu de l'ombilic au talon est de onze pouces; celle qui s'étend du même lieu au sommet de la tête est de la même mesure; celle du cou est de deux pouces. La longueur du pied est de deux pouces six lignes; sa grosseur est bien proportionnée. La main est petite et bien faite. La circonférence de la partie la plus saillante de l'avant-bras est de trois pouces six lignes; celle du milieu du bras est de trois pouces deux lignes; celle du haut de la cuisse est de six pouces, et celle des mollets est de trois pouces six lignes.

Enfant du sexe féminin, du volume d'un nouveau-né,
mais un peu plus grand;

Agée de sept ans;

Taille de vingt-trois pouces, et du poids de huit livres et
un quart;

Cheveux d'un blond-châtain;

Visage ovale;

Front haut, découvert et d'une belle forme;

Sourcils châtains, bien dessinés;

Yeux d'une couleur bleu-foncé; paupières bien ouvertes;

Nez long, saillant, un peu arqué à la romaine, mais
bien proportionné;

Menton rond;

Teint pâle;

Tout le corps est dans de justes proportions;

Les artères donnent par minute soixante-dix-huit à
quatre-vingts pulsations pendant le sommeil, et quatre-
vingt-dix à quatre-vingt-douze durant la veille;

Sa chaleur vitale est de trente degrés.